LEBEN IM EWIGEN EIS

LEBEN IM EWIGEN EIS

Eigens für junge Menschen geschrieben

ALASTAIR FOTHERGILL

Fotos von

BEN OSBORNE

Einführung von

DAVID ATTENBOROUTH

KYNOS JUGENDBÜCHER

FOTOHINWEISE

Der KYNOS VERLAG bedankt sich bei nachstehenden Fotografen für die Bereitstellung von Fotos und für die Genehmigung, durch Copyright geschütztes Material wiederzugeben.

Alle Fotos stammen von **Ben Osborne** mit Ausnahme von: **Doug Allen,** Seiten 22 und 62; **Ardea** (Auscape/Mike Osmond)**,** Seite 26; **Alastair Fothergill,** Seiten 64 und 69; **Planet Earth Pictures** (Peter Scoones)**,** Seite 27 (unten); **Graham Robertson,** Seiten 8-9, 11, 60-61, 66 (unten) und 67; **Stephen de Vere** Seite 66 (oben).

FOTOERLÄUTERUNGEN

Titelfoto**:** *Königspinguine bei der Werbung.*
Umschlagfoto hinten: *Zahllose braungefiederte Küken in einer Königspinguinkolonie.*
Seite 1: *Graukopfalbatrosküken im Nest, die Rückkehr und Fütterung der Eltern erwartend.*
Seite 2: *Ein Wanderalbatros prüft den Wind, ehe er abhebt.*
Seite 5: *In der Königspinguinkolonie*

Dieses Buch erschien zur
Fernsehserie ***Leben im ewigen Eis!***
ausgestrahlt von **VOX.**

By arrangement with BBC Books, a division of BBC Worldwide Limited
Original English Language Version

Übertragung aus dem Englischen:
Dr. Dieter und Helga Fleig

Am Remelsbach 30, D-54570 Mürlenbach/Eifel
Tel.: 06594/653, Telefax: 06594/452

ISBN-Nr. 3-929545-52-7

Gedruckt und gebunden in Großbritannien bei Butler & Tanner Ltd

INHALTSVERZEICHNIS

Erforschung der Antarktis 6

Der kälteste Ort auf Erden 8
Warum so kalt? 10
Überleben in der Kälte 12
Der einsame Kontinent 14
Die Eismaschine 16

Die reiche Fülle der See 18
Der südliche Ozean 20
Die Nahrungskette 22
Aasfresser 24
Wale 26
Segler auf dem Wind 28

Die Randinseln 30
Überfüllte Brutplätze 32
Heranwachsen über den Winter 34
Königspinguine 36
In der Pinguinkolonie 38
See-Elefanten 40

Die Sonne kehrt zurück 42
Ankunft im Frühjahr 44
Pelzrobben 46
Sturmvögel 49
Goldschopfpinguine 50
Esels- und Zügelpinguine 52
Pflanzen und Insekten 54
Adéliepinguine 56
Vorbereitungen auf den Winter 58

Der große Frost 60
Winter auf dem Eis 62
Kaiser der Antarktis 64
Junge Kaiserpinguine 66
Spuren im Schnee 68

Glossar 70

Index 72

Erforschung der Antarktis

Wenn man mitten in einer riesigen Kolonie von Goldschopfpinguinen auf der *Bird Island* steht, direkt am Rande der Antarktis, fällt es sicher schwer, sich einsam zu fühlen. Die Goldschopfpinguine sind sehr soziale Geschöpfe, hier brüten sie in einer riesigen Ansiedlung von etwa 80.000 Paaren. Anfang des Sommers ist der Lärm des Kreischens und Zankens in dieser Kolonie ohrenbetäubend!

Es gibt nur wenige Gebiete der Antarktis, die *Bird Island* ähneln. Wir treffen auf riesige Bereiche verlassenen Landes, Treibeis und offener See, wo selbst die widerstandsfähigsten Tiere dann und wann erscheinen. Menschliche Besucher sind noch seltener, und die beißende Kälte und die schneidenden Stürme machen es jedem unmöglich, ohne Spezialausrüstung hier zu leben.

Diese Kälte ist unglaublich, insbesondere auf dem antarktischen Kontinent im tiefen Süden. Ehe man aus der Tür geht, muß man mehrere Lagen warmer, isolierender Kleidung anziehen. Obgleich die antarktische Kleidung heute aus modernem leichtgewichtigen Material besteht, ist sie noch immer so sperrig, daß sich in ihr niemand schnell bewegen kann. Unter diesen Verhältnissen eine ganze Serie von Naturfilmen zu drehen erwies sich als ganz besonders schwierig.

Aber die Antarktis ist auch eines der allerschönsten und faszinierendsten wilden Gebiete unserer ganzen Welt. Jede Tierart, die dort lebt, hat ihre eigene, einzigartige Methode entwickelt, um mit den harten Lebensumständen zurechtzukommen. Das Ergebnis ihres Kampfes mit den Elementen kann nur echtes Erstaunen auslösen. Die Goldschopfpinguine gehören wahrscheinlich zu den lautesten und farbigsten Einwohnern des Kontinents. Aber sie sind nur ein Teil einer ganzen Gruppe von Pflanzen und Tieren, die alle zusammengehören, ein eigenes reiches Verhaltensinventar im »Gefrierschrank unserer Welt« entwickelt haben.

David Attenborough

Der kälteste Ort auf Erden

Warum so kalt?

Wenn Du zu Hause an einem heißen Sommertag nach draußen gehst, zum Himmel schaust, wirst Du sehen, die Sonne steht nahezu direkt über Deinem Kopf, ihre warmen Strahlen scheinen senkrecht auf unsere Erde herunter. Im Winter dagegen steht die Sonne viel niedriger am Himmel; selbst wenn sie hell und klar leuchtet, empfindet man noch immer die Kälte.

In der Antarktis scheint die Sonne niemals direkt von oben auf die Erde. Selbst im Sommer steht sie niedrig am Himmel, die Temperaturen am Südpol bleiben deutlich unter dem Gefrierpunkt. Während des antarktischen Winters (von April bis Oktober) werden die Witterungsverhältnisse sogar noch viel strenger. Über diese Zeit erhält der Südpol überhaupt kein Sonnenlicht. Es herrscht hier sechs Monate völlige Dunkelheit - und die Temperaturen stürzen bis auf minus 70 Grad Celsius herab.

Die Höhe des Festlandes und die dicke Eisschicht, mit dem es überzogen ist, tragen zusätzlich zu der bitteren Kälte des Südpols bei. Die Antarktis besteht aus einer riesigen Landmasse, diese liegt höher als irgendein anderer Kontinent auf der Erde. Die Durchschnittshöhe des Landes beträgt 2.300 Meter. Mit jeweils 100 Meter, die Du über Meereshöhe nach oben kletterst, fällt die Temperatur um 1 Grad Celsius. Selbst wenn das Meer bereits der Küste entlang fest gefroren ist, wird es im Zentrum des antarktischen Kontinents noch um weitere 20°C kälter.

→ Durch die Art, wie sich die Erde im Verhältnis zur Sonne nach einer Seite neigt, erhält die Antarktis nie direktes Sonnenlicht von oben. Der einzige Vogel, der auf dem antarktischen Festland während des langen, dunklen Winters zu überleben vermag, ist der Kaiserpinguin.

→ Die Inseln im südlichen Ozean rund um die Antarktis gehören zu den stürmischsten auf unserer Erde. Die Wanderalbatrosküken, die dort geboren werden, müssen während ihres ersten Winters, wenn sie erst wenige Monate alt sind, die schlimmsten Winterstürme aushalten.

Ähnlich wie die Antarktis leidet auch die arktische Region rund um den Nordpol an einem Mangel an direkt von oben kommender Sonneneinstrahlung, wird aber nie so bitter kalt wie die Antarktis. Am Nordpol gibt es kein festes Land. Und obgleich im Winter auch hier das Meer zu Eis erstarrt, bleibt darunter der wärmende Einfluß des Wassers; deshalb kann die Eisdecke auch nie mehr als wenige Meter dick sein.

Überleben in der Kälte

Im Unterschied zu allen anderen Stellen auf unserer Erde ist die Antarktis nur für eine kleine Anzahl verschiedener Arten von Pflanzen und Tieren zur Heimat geworden. Aber alle Geschöpfe, die im tiefen Süden leben müssen, haben eines gemeinsam: Jedes Einzelne hat seine eigene, spezielle und typische Art des Überlebens in dieser Kälte entwickelt. Tatsächlich haben sich einige Arten dabei als so erfolgreich erwiesen, daß sie eine riesige Population erreichen, unter Verhältnissen gedeihen, die für alle anderen Tierarten viel zu hart und rauh sind.

Auf dem Festland der Antarktis gibt es kein Landsäugetier. Nicht einmal der König des arktischen Wildlebens - der Eisbär - kann unter den alles lähmenden winterlichen Verhältnissen der Antarktis existieren. Jene wenigen Tiere, die in der Antarktis leben, vermögen dies, weil sie sich dem Leben in und rund um das Meer klug angepaßt haben. Unter diesen Tieren gibt es auch Säugetiere, beispielsweise Wale und Robben, und viele Vögel, einschließlich Pinguine, Sturmvögel und Albatrosse. Nahezu alle diese Geschöpfe finden ihre Nahrung im Meer. Und wenn der Winter das antarktische Festland in seinem eisigen Griff erstarren läßt, entfliehen alle mit Ausnahme der Kaiserpinguine in die wärmeren Regionen des südlichen Ozeans und seiner Inseln.

↓ Pinguine können nicht fliegen, auf dem Festland watscheln sie plump umher. Sie sind aber Experten im Tauchen und Schwimmen, haben sich den Jagdverhältnissen im südlichen Ozean perfekt angepaßt.

↑ Abgesehen von den Menschen gibt es wahrscheinlich kein anderes großes Säugetier auf unserer Erde, das zahlreicher wäre als die Krabbenesserrobbe. Diese Robben kommen nie ans Festland, verbringen ihr ganzes Leben auf See, wobei Eisflöße ihre Ruheplätze sind.

→ Der Wanderalbatros ist der größte Seevogel unserer Welt. Er fliegt über riesige Entfernungen, wobei er über die Luftströmungen gleitet. Dies ist eine ideale Methode, um quer über die stürmische See des südlichen Ozeans zu schweben, wo es niemals an Wind mangelt.

Der einsame Kontinent

Wo beginnt die Antarktis? Genau gesagt liegt ihre Grenze irgendwo unterhalb des südlichen Polarkreises, einem Breitengrad von 66° 32' Süd. An dieser Stelle herrscht zumindest zur Wintersommerwende ein Tag völliger Dunkelheit. Die meisten Wissenschaftler und Seefahrer glauben jedoch, daß die Antarktis immer irgendwo südlich der antarktischen Polarfront liegt. Diese Grenze wird durch die Linie gekennzeichnet, wo das kalte Wasser der Antarktis auf warmes Wasser, das von den Tropen südwärts strömt, stößt. Die genaue Position der Polarfront verändert sich von Jahr zu Jahr, liegt aber immer irgendwo zwischen 50° und 60° südlicher Breite.

Südlich der Polarfront beginnt der südliche Ozean. Er ist der stürmischste, windreichste Ozean unserer Erde, seine Stürme können eine Rekordgeschwindigkeit von 300 Stundenkilometer erreichen. Mitten in dem nördlichen Bereich des südlichen Ozeans treffen wir auf ein paar winzige, subantarktische Inseln, sie sind die Heimat des größten Teils des Wildlebens der Antarktis. Den Sommer über bilden diese Inseln den grünsten Teil des Kontinents, und selbst im Winter sind diese Inseln nie durch See-Eis völlig vom Ozean abgeschnitten.

↓ Der größte Teil der Antarktis ist durch eine riesige Eisschicht bedeckt, an manchen Stellen wird diese mehr als 4.000 Meter dick. Diese Eisschicht bildete sich vor etwa 30 Millionen Jahren, enthält heute etwa 90 Prozent aller Vorräte an Frischwasser der ganzen Welt. Nur die Gebirgsgipfel sind hoch genug, um aus dieser riesigen Eisschicht herauszuragen.

Der antarktische Kontinent

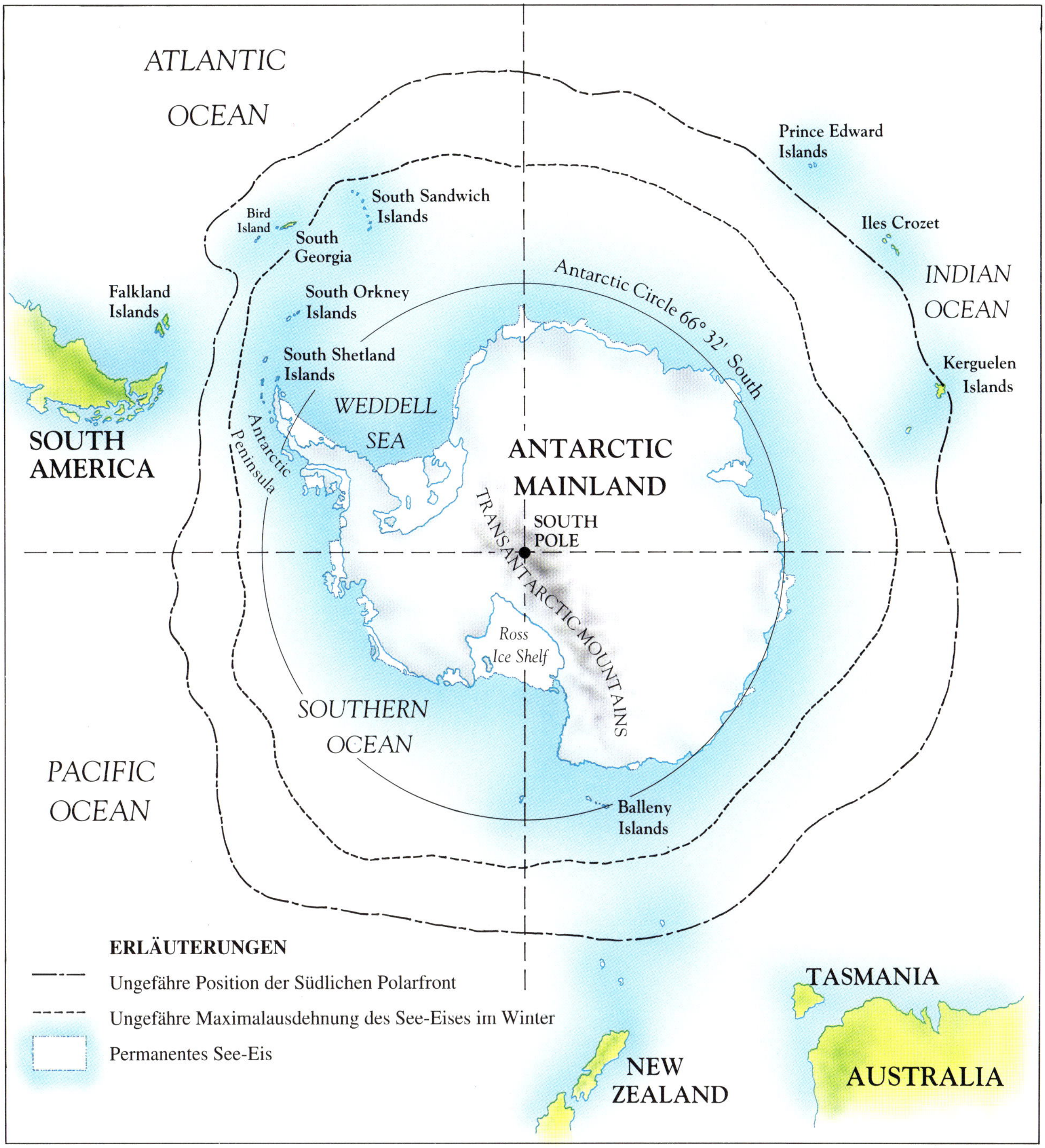

Weiter Richtung Süden trifft man wiederum auf mehrere Ketten von kleinen, felsigen Inseln - die maritimen Inseln - und danach auf die Antarktis selbst, man nennt sie auch das Antarktische Festland. In ihrer Ausdehnung größer als die USA und Mexiko zusammen bildet die Antarktis die isolierteste Landmasse auf unserer Erde. Ihre Entfernung von anderen Kontinenten quer über die Barriere eines weiten offenen Ozeans ist mit Ursache dafür, daß die Antarktis der kälteste und einsamste Ort auf Erden ist.

Die Eismaschine

Jeden Winter wird das tiefe Inlandeis des antarktischen Festlands durch eine andere Eisart erweitert - durch das See-Eis. Im Laufe des schwerwiegendsten einzelnen Umwelteinflusses auf der ganzen Erde gefriert ein riesiger Teil des südlichen Ozeans. Wenn das Wetter immer kälter wird, verwandeln sich etwa 20 Millionen Quadratkilometer offener See in Eis, schneiden das antarktische Festland völlig vom offenen Meer ab. Die erstarrte See schließt die Antarktis fest vom Rest der Welt ab. Kein Schiff, nicht einmal einer der großen, modernen Eisbrecher, könnte sich hier einen Weg bahnen.

See-Eis beginnt in jedem Herbst seine Ausdehnung. Zunächst bilden sich Eiskristalle, diese Kristalle werden dann zusammengepreßt, verwandeln sich in dicke Eisschichten. Wenn das Wetter noch kälter wird, dehnt sich das See-Eis immer schneller aus. Schließlich vermag es an jedem einzelnen Tag bis zu 100.000 Quadratkilometer anzuwachsen. Zum Ende des Winters, im September, bedeckt See-Eis bis zu 57 Prozent des gesamten südlichen Ozeans. Und es bricht nicht früher wieder auf als sich der Frühling auf den Weg macht. Dann schließlich zieht sich das Eis langsam wieder Richtung antarktisches Festland zurück.

→ Wenn im Frühjahr das feste See-Eis schmilzt, bricht es in ein Puzzlespiel kleinerer Schollen auf. Man nennt dies das Packeis.

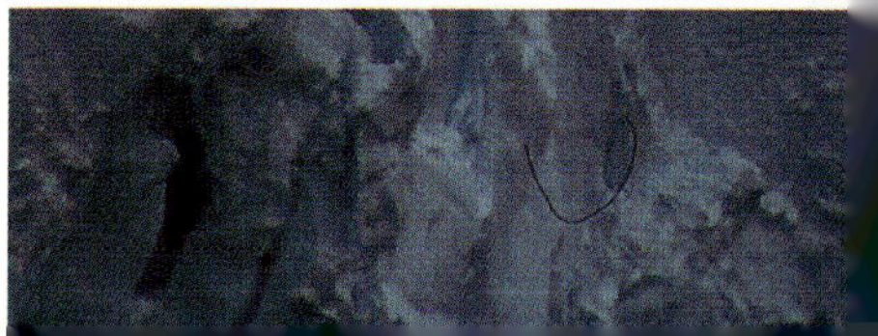

Ein Gletscher am Rand des antarktischen Festlands. Durch die riesige Eismasse wird das meiste Sonnenlicht, das die Antarktis erreicht, reflektiert. So vermag der Kontinent in Wirklichkeit nur während der Monate November und Dezember Sonnenwärme aufzunehmen.

Die reiche Fülle der See

Im rauhen Seegang des südlichen Ozeans überragt dieser elegante, gestreifte Eisberg turmhoch den etwa 15 Meter hohen Mast der vorbeigleitenden Jacht.

Der südliche Ozean

Von allen Meeren unserer Erde trifft man im südlichen Ozean die rauhesten Wetterverhältnisse an. Machtvolle Stürme rasen rund um den Globus, riesige Wellen bauen sich auf, kein Land stellt sich ihnen in den Weg und bricht sie. Wer immer sich auf diesen Ozean wagt unternimmt eine gefährliche Reise. Bei gutem Wetter dauert die kürzeste Überfahrt auf die antarktische Halbinsel von den Falklandinseln aus nur drei Tage. Bei schlechtem Wetter können es durchaus Wochen werden.

Eine besondere Gefahr für Seeleute im südlichen Ozean droht von den Eisbergen. Wenn das Schiff die Polarfront überquert hat, trifft es mehr und mehr dieser großen schwimmenden Eisblöcke. Die kleinsten - *Growlers* - genannt, haben nur die Größe eines Autos, die größten können aber so groß wie Kathedralen sein. Man trifft sie in allen Formen, durch Sonne und Meer ausgewaschen. Ihre Farben variieren von einem elektrischen Blau bis zu einem strahlenden Weiß.

Die Besatzungen halten ununterbrochen Ausschau nach sich nähernden Eisbergen. Heute hilft der Radarschirm den Seeleuten, trotzdem sind sie noch immer für die Reisenden im südlichen Ozean eine echte Gefahr. Selbst einer der riesigen modernen Eisbrecher könnte bei einer Kollision mit einem der gewaltigen Eisberge beschädigt werden und sogar sinken.

← Nur zu leicht vergißt man, daß etwas so Wunderschönes wie ein Eisberg auch tödlich werden kann. Dieser Eisberg könnte jedes kleine Schiff, das ihm in den Weg kommt, zermalmen.

Die Nahrungskette

Alle in der Antarktis lebenden Tiere sind durch eine große Nahrungskette miteinander verbunden. Kleine Geschöpfe werden von größeren gefressen, diese wiederum werden zur Nahrung von noch größeren Tieren. In der Antarktis beruht diese Nahrungskette auf einem einzigen, lebensnotwendigen Element - dem Ozean.

Die kleinsten Glieder in der antarktischen Futterkette sind überhaupt keine Tiere, sondern winzige Pflanzen, man nennt sie das Phytoplankton. Sie leben nahe der Wasseroberfläche, werden aufgrund der Sonneneinstrahlung während des Sommers zur Nahrung. Sie selbst entwickeln sich aus Nährstoffen oder Mineralien, von denen es im südlichen Ozean eine besonders üppige Fülle gibt.

Das Phytoplankton selbst wird von winzigen Seetieren gefressen - dem Zooplankton. Dieses wiederum ist Futtergrundlage eines kleinen, rosafarbenen, krebsähnlichen Tieres namens Krill. Der Krill wird etwa 5 cm lang, tritt in dichten Schwärmen auf. Oft erstrecken sich diese Schwärme über Kilometer, verwandeln das Meer durch ihre seltsame rosa Farbe. Für viele antarktische Geschöpfe, von den Walen, Robben bis zu den Pinguinen und vielen anderen Vögeln, sind Krillschwärme die wichtigste Nahrungsgrundlage.

↓ Die antarktische Nahrungskette verbindet viele verschiedene Lebewesen in einem großen Ökosystem. Dieser Seeleopard hat gerade ein Pinguinküken erbeutet. Die Pinguine selbst fressen Krill und andere im Meer lebende Geschöpfe, die wiederum von kleineren Tieren und Phytoplankton leben.

→ Pelzrobben gehören zu den besonders wichtigen Jägern von Krill. Dabei schwimmen diese Robben regelmäßig über Entfernungen von 60 - 90 Kilometern hinaus aufs offene Meer, halten nach Krillschwärmen Ausschau.

← Wissenschaftler schätzen, daß es im Ozean etwa 650 Millionen Tonnen Krillkrebse gibt, was sie zu dem bei weitem zahlenmäßig bedeutendsten im Meer lebenden Geschöpf unserer ganzen Erde macht.

← Eine Gabelschwanzseeschwalbe kommt mit frisch gefangenem Krill zum Nest zurück. Auch Menschen fischen auf Krill, aber zum großen Glück für das antarktische Wildleben mögen wir Menschen diese Nahrung nicht besonders. Wenn Krill einmal gefangen ist, verdirbt er sehr schnell.

← Eine Pfeilschwanzente auf South Georgia frißt das Fleisch einer toten Pelzrobbe. Im allgemeinen sind Enten keine fleischfressenden Vögel, die Pfeilschwanzente vermag mit ihrem Schnabel auch die Schwarte nicht aufzureißen. Hat aber erst einmal ein größerer Vogel in den Körper ein Loch gerissen, kann die Ente ihren Kopf tief hineinstecken.

↓ Skuaraubmöwen sind kraftvolle, aggressive Vögel. Jedes Paar markiert mit langen, ohrenbetäubenden Rufen sein eigenes Territorium, schreckt damit andere Vögel ab.

Aasfresser

Die Jagd ist nicht der einzige Weg, Futter aufzutreiben. Einige Tiere in der Antarktis - insbesondere Vögel - ernähren sich auch von Fleischresten, die von anderen Geschöpfen überbleiben. Sie sind die Aasfresser der Antarktis.

Scheidenschnäbel sind die Müllabfuhr der Antarktis. Selbst etwa von Krähengröße jagen diese Vögel überhaupt nicht nach Futter aus dem Meer, sondern leben nahezu alleine von dem, was andere Tiere hinterlassen. Pinguinausscheidungen sind ein wichtiger Bestandteil ihrer Nahrung, und sie lesen alles tote Fleisch auf, was sie zu finden vermögen. Sie stehlen selbst das Futter aus den Schnäbeln der Pinguine, wenn diese gerade ihre Küken füttern.

Die Scheidenschnäbel kann man als die Abfallsammler der Antarktis, die Riesensturmvögel als ihre Geier ansehen. Zwar fischen sie auf Krill, verschlingen aber alles tote Fleisch, das sie finden können, machen auch zusätzlich unter den Pinguinküken Beute. Skuaraubmöwen sind sogar noch aggressiver. Manchmal greifen sie kleinere Vögel im Flug an, zwingen ihre Opfer, die Nahrung, die sie für ihre Jungen gefangen haben, aufzugeben. Skuas sind besondere Liebhaber von Pinguineiern. Um diese Eier zu stehlen, arbeiten sie paarweise. Ein Vogel zieht den Pinguin am Schwanz von seinem Nest, während sein Partner sich über das Ei hermacht.

↓ Dieser tote See-Elefant bietet aasfressenden Riesensturmvögeln reiche Nahrung. Kapsturmvögel, die zu einer kleineren Sturmvogelart gehören, warten darauf, die Reste aufzusammeln.

Wale

An der obersten Spitze der antarktischen Futterkette stehen die Wale, sie sind die unbestrittenen Herrscher des südlichen Ozeans. Über zehn verschiedene Walarten schwimmen jeden Sommer nach Süden, um in diesen reichen Gewässern zu fressen. Sie lassen sich leicht in zwei Gruppen aufteilen: Bartenwale und Zahnwale.

Zu den Bartenwalen gehören auch Buckelwal und Blauwal - letzterer wird bis zu 30 Meter lang und ist das größte Lebewesen auf Erden. Trotz ihrer gewaltigen Größe leben diese Tiere in allererster Linie von Krill. Auf dem Rande des Walmauls gibt es zwei Reihen horniger Bartenplatten, welche diese Wale nutzen, um den Krill aus der See aufzunehmen und dann diese Tiere aus dem Wasser zu filtern.

Zahnwale fressen in der Regel recht verschiedenartige Tiere. Einige von ihnen leben in erster Linie von Tintenfischen, aber die gefährlichste Art von allen - der Killerwal - jagt auf Robben und greift selbst Bartenwale an.

↓ Über die letzten hundert Jahre kamen sehr viele Walarten in große Gefahr. Sie wurden wegen ihres Fleisches, Trans oder Fettes gejagt. Besonders leicht konnte man Buckelwale erlegen, weil sie gerne in Küstennähe schwimmen. Heute sind die meisten Walarten durch internationales Recht geschützt.

↑ *Ein ausruhender Buckelwal stößt beim Atmen eine Mischung von warmer Luft und Feuchtigkeit aus. Sie bilden die Fontäne des Wals.*

→ *Meist jagen Buckelwale den Krill paarweise oder in kleinen Gruppen. Manchmal schwimmen sie in einem weiten Kreis um den Krill, stoßen dabei Luftblasen aus, welche den Krill immer näher zusammenzwingen, zu einer Falle werden. Auf diesem Foto kannst Du die Bartenplatten sehen, durch die der Krill gesiebt wird.*

Segler auf dem Wind

Wenn die Wale die Herrscher des südlichen Ozeans sind, kann man die großartigen Albatrosse als die Könige seines Himmels sehen. Diese großen, kraftvollen Vögel haben sich den stürmischen Verhältnissen im nördlichen Bereich der Antarktis perfekt angepaßt, hier trifft man auf vier Arten, die in diesem Raum leben. Der größte ist der Wanderalbatros, er hat die riesige Flügelspannweite von rund 3,5 Meter, die doppelte Länge zweier ausgewachsener Menschen von Kopf bis Fuß. Diese Vögel fliegen mit einer Durchschnittsgeschwindigkeit von 30 Kilometern je Stunde, vermögen aber auch eine Geschwindigkeit von bis zu 88 Stundenkilometer zu erreichen.

Alle Albatrosse fliegen auf gleiche Art. Zu Anfang beginnt der Vogel mit einem abtauchenden Flug, hält dabei seine Schwingen in Form eines M's, um den Luftwiderstand zu mindern, seine Geschwindigkeit zu steigern. Kommt er der Oberfläche des Meeres nahe, wendet der Albatros entlang dem Kamm einer Welle und breitet die Flügel voll aus. Die Luftströmung, die über dem Wellenkamm entsteht, hebt den Albatros dann zurück in die Luft, und schnell gewinnt er wieder an Höhe. Eine Zeit lang gleitet er weiter. Verliert er wieder an Geschwindigkeit, taucht er ganz einfach erneut ab. Der ganze Zyklus beginnt erneut.

↓ Graukopfalbatrosse bilden Brutpaare, die meist für das ganze Leben zusammenbleiben. In jedem Sommer kehrt das Paar zum selben Nistplatz zurück. Sie sitzen auf dem Nest, putzen sich gegenseitig die Federn, vermitteln den Eindruck völligen Glücks.

↑ *Ein Schwarzbrauenalbatros nimmt die Luftströmung auf, die sich über der Insel, auf der er nistet, gebildet hat. Diese Vögel sind auch als* Mollymauks *bekannt.*

Die Flugtechnik des Albatros bringt es mit sich, daß diese Vögel tagelang ohne Unterbrechung riesige Entfernungen zu überwinden vermögen, ohne viel Energie zu verbrauchen oder zum Land zurückzukehren. Tatsächlich verbringen diese Vögel den Großteil ihres Lebens alleine auf See, um dann zum Brüten und Füttern ihrer Küken auf die Inseln am Rand der Antarktis zurückzukehren. Albatrosse brauchen aber immer viel Wind. Deshalb weichen sie nur selten weit von den stürmischen Witterungsverhältnissen zwischem dem 40. und 50. südlichen Breitengrad ab.

Über viele Jahre konnten die Wissenschaftler die Albatrosse nur studieren, solange sie sich auf ihren Nistplätzen aufhielten. Heute hat die technische Entwicklung uns geholfen, viel mehr über sie zu erfahren. Wir können auf dem Rücken eines Albatrosses einen winzigen elektronischen Sender befestigen, seine Wanderungen über Satelliten verfolgen, während er quer über den südlichen Ozean fliegt.

Die Randinseln

Überfüllte Brutplätze

← Jedes Jahr nisten mehr als 2.500 Wanderalbatrospaare auf Bird Island *an der nördlichsten Spitze vor South Georgia. Oft leben Albatrosse mehr als 80 Jahre, bleiben dabei in aller Regel über das ganze Leben mit ihrem Partner zusammen.*

Am äußersten Rand der Antarktis, gerade noch innerhalb der Polarfront, liegen eine Handvoll subantarktischer Inseln. Sie haben ein milderes Klima als die Inseln weiter im Süden. Im Sommer erreichen die Durchschnittstemperaturen etwa 3°C, das Wetter ist meist naß und stürmisch. Im Winter werden diese Inseln nur selten durch See-Eis abgeschnitten, welches das Festland blockiert. Im Vergleich zum übrigen Kontinent wirken diese Inseln hübsch grün, es wachsen Tussockgras und verschiedene blühende Pflanzen.

Diese Inseln sind für das antarktische Wildleben von größter Bedeutung. Viele Tiere finden hier die einzigen Stellen, wo sie sich fortpflanzen können. Über die Sommermonate sammeln sich hier Robben und viele verschiedene Seevogelarten, um ihre Jungen aufzuziehen. Einige dieser Tiere finden ihr Zuhause in großen, übervölkerten Gruppen, Brutkolonien genannt.

Es gibt aber auch einige Tiere, die über den ganzen Winter allein auf sich selbst gestellt ausharren. Beispielsweise ist der Wanderalbatros ein so großer Vogel, daß sein Küken mehr als 12 Monate braucht, um flügge zu werden. Und der junge Vogel verbringt sein ganzes erstes Lebensjahr auf einer der subantarktischen Inseln im Nest. Die Albatrosse brüten innerhalb von zwei Jahren nur einmal, das Weibchen legt dabei immer nur ein einziges, weißes Ei.

↓ Ein Albatrosmännchen wirbt um seine Partnerin, während ein zweites Weibchen zuschaut.

Heranwachsen über den Winter

Das vom Wanderalbatros gelegte Ei braucht etwa 78 Tage bis zum Schlüpfen. Die beiden Elterntiere wechseln sich mit dem Brüten ab, dabei hält jedes Tier in Schichten von drei bis zehn Tagen das Ei warm. Wenn das Küken schließlich schlüpft, wiegt es etwa 350 Gramm. Es wächst dann schnell heran, und bereits innerhalb von sieben Wochen hat es ein Gewicht von rund 3 Kilo erreicht. Zu dieser Zeit fliegen die Eltern weit hinaus auf das Meer, um Futter zu fangen, und das Küken bleibt alleine zurück, oft den schlimmsten winterlichen Wetterverhältnissen ausgesetzt. Dabei kehren die Eltern nur so etwa alle drei Tage einmal zur Fütterung zurück, manchmal werden sie von Stürmen aufgehalten, muß das Küken über Wochen alleine bleiben.

Bis zum Frühling hat das Küken sein warmes schützendes Daunenkleid verloren. Wenn es so auf seinem Nest sitzt, erscheint es fast ebenso groß wie ein kleiner Mensch. Jetzt übt es, mit den Flügeln zu schlagen, um sich auf seinen ersten Flug vorzubereiten. Schließlich läuft es Richtung Klippen und hebt ab, verschwindet in der Luft. Niemand weiß genau, wohin junge Albatrosse fliegen, aber die Wissenschaftler glauben, daß sie die nächsten paar Jahre damit verbringen, rund um die Antarktis zu fliegen. Etwa nach fünf Jahren kehren sie zu ihrer Heimatinsel zurück. Jetzt beginnt ihre Paarungszeit, werden sie sich für die folgenden Jahre mit einem anderen Vogel zu einem Paar vereinigen.

↓ Wie viele andere Vögel übergibt der Wanderalbatros durch Auswürgen Nahrung an sein Küken. Die Erwachsenen fressen die Beute, die sie fangen, verdauen sie aber nur teilweise. Später können sie das leicht anverdaute Futter wieder aus ihren Mägen auswürgen und an ihr Küken weitergeben.

← Das vom weiblichen Wanderalbatros gelegte Ei wiegt fast ein halbes Kilo. Damit das Küken auch schlüpft, muß ein Elterntier immer auf dem Nest bleiben und das Ei ausbrüten.

→ Den Winter über muß das Küken des Wanderalbatrosses sein eigenes Nest weiter ausbauen, bis es auf einer recht hohen Mulde von Erde und Gras sitzt. Selbst auf diesem hohen Nest kann ein Küken nach schwerem Schneefall völlig vergraben sein.

Königspinguine

Wie die Wanderalbatrosse brüten auch die Königspinguine auf den subantarktischen Inseln. Diese vornehm wirkenden, hübschen Vögel erreichen eine Körperlänge von fast einem Meter. Da es vom neu gelegten Ei bis zum voll ausgewachsenen Tier zwischen 16 und 18 Monaten dauert, gibt es in den Kolonien auf den Inseln immer junge Vögel, gleich zu welcher Jahreszeit.

Die Pinguine verfügen über einen recht komplizierten Fortpflanzungszyklus. Jedes Jahr bilden einige Paare eine erste Brutwelle; sie paaren sich Anfang des Frühjahrs, ihre Küken schlüpfen im Frühsommer. Wenn der Winter dann hereinbricht, sind diese Küken bereits recht groß. Und bis zum folgenden Sommer sind diese jungen Pinguine völlig ausgewachsen, bereit, hinaus ins Meer zu schwimmen.

Andere Pinguinpaare bilden eine zweite Brutwelle. Meist waren sie die Zuchttiere der ersten Welle im vorausgegangenen Jahr, deshalb legen sie ihre Eier nicht früher, bis die Küken der ersten Welle zur Mittsommerzeit die Kolonie verlassen haben. Wenn der Winter hereinbricht, sind die Küken der zweiten Welle noch sehr klein, viele von ihnen überleben die Strapazen nicht. Aber die Küken, die dennoch durchkommen, sind dann erst im Herbst des folgenden Jahres voll ausgewachsen.

↓ Königspinguine am Strand in der St. Andrew's Bay, South Georgia. Nach einem Bad im Meer fällt die Rückkehr auf das Festland nicht immer leicht. Einige Pinguine werden durch die schäumende Brandung hart auf das Ufer geschleudert.

→ Als Teil ihres komplizierten Paarungsrituals heben Königspinguine ihre Köpfe hoch in die Luft, zeigen ihren wunderschönen gelborgangenen Federfleck an ihren eleganten Hälsen.

Königspinguinkolonien liegen immer auf flachem Boden nahe dem Meer. Ideale Stellen bieten oft die Mündungen eines schmelzenden Gletschers an Land, der durch das Eis schon stärker ausgewaschen ist. Einige Kolonien umfassen hunderte von Vögeln, andere bieten tausenden ihr Zuhause. Die größte Kolonie auf den *Iles Crozet* umfaßt mehr als 300.000 Paare.

In der Pinguinkolonie

Königspinguine sind recht ungewöhnliche Vögel - sie bauen keine Nester. Stattdessen halten die Erwachsenen ihr Ei auf ihren Füßen, unter einer Bauchfalte, in der das Ei warmgehalten wird. Wenn die Eier schlüpfen, ähneln die Pinguinküken ihren Eltern fast überhaupt nicht. Sie haben ein dickes Federkleid von pelzbraunen Daunen, schauen von weitem aus wie kleine pelzige Bären.

Wenn der Winter hereinbricht, müssen die ausgewachsenen Vögel hinaus aufs Meer, Futter fangen. Jetzt bleiben alle die Küken dicht beieinander, gewähren sich gegenseitig Wärme und Schutz gegen andere Tiere. Oft bleiben die Eltern über vier bis sechs Wochen draußen auf dem Meer, manche schwimmen bei der Suche nach kleinen Fischen und Tintenfischen bis auf 250 Kilometer hinaus. Sie sind geschickte Taucher, können bis auf 290 Meter Tiefe hinunter tauchen. Jedesmal, wenn die Eltern in die Kolonie zurückkehren, bringen sie so viel Futter wie möglich mit nach Hause. Trotzdem verlieren die Küken den Winter über stark an Gewicht. Die Schwächsten sterben vor Kälte oder verhungern. Erst im kommenden Frühjahr, wenn wieder mehr Nahrung bereitsteht, beginnen die Küken erneut zu wachsen. Schließlich sind sie soweit, um ihr braunes Federkleid abzuwerfen. Sind dann erst einmal die neuen schwarzweißen Federn bei ihnen fest und dicht wie bei den erwachsenen Vögeln, schwimmen sie hinaus in das offene Meer.

→ Den Sommer über geht es in der Kolonie der Königspinguine geschäftig zu. Diese bereits voll herangewachsenen Küken stehen kurz davor, ihre pelzartigen Winterfedern mit den braunen Daunen abzuwerfen. Die ausgewachsenen Vögel beginnen bereits mit ihrer Partnerwerbung.

↓ Königspinguine schützen ihre Eier gegen jedermann und alles, was ihnen zu nahe kommt.

See-Elefanten

Den Winter über haben die Königspinguine Brandung und Strände der subantarktischen Inseln für sich alleine, aber zu Frühlingsbeginn gesellen sich viel weniger elegante Tiere zu ihnen. See-Elefanten haben eine Länge von etwa 5 Metern, wiegen bis zu gewichtigen 4 Tonnen. Ihren Namen tragen sie aufgrund ihrer langen Schnauze, die dem Rüssel eines Elefanten ähnelt.

Nahezu gleichzeitig mit ihrer Ankunft am Paarungsstrand gebären die See-Elefantenkühe ihre Kälber, die sie seit dem vorangegangenen Sommer ausgetragen haben. Über den nächsten Monat säugen die Mütter ihre Kälber, und die jungen See-Elefanten nehmen etwa täglich 9 Kilo zu.

↓ Der Kampf um die Herrschaft über eine große Gruppe von Kühen führt bei See-Elefanten zu schweren Kämpfen. Die Bullen erheben sich zu ihrer vollen Größe, stoßen ein drohendes Brüllen aus, ehe sie ihren Gegner angreifen.

→ *Etwa die Hälfte aller See-Elefanten unserer Welt vermehren sich auf South Georgia in Kolonien, die tausende von Tieren beherbergen. Vom Ende dieser Bucht kannst Du eine geschlossene Linie von Robben sehen, die sich 10 bis 20 Tiere tief ins Land erstreckt. Die Bullen kämpfen miteinander, die Kühe streiten sich und die Kälber schreien, um Aufmerksamkeit zu finden. Dies alles vermischt sich zu einem ohrenbetäubenden Lärm.*

Weibliche See-Elefanten sind bereits drei Wochen nach der Geburt wieder paarungsbereit. Die Elefantenbullen zeigen sich außerordentlich aggressiv, versuchen sich mit so vielen Kühen zu paaren, wie es ihnen nur möglich ist. Die größten und kräftigsten Bullen verteidigen eine möglichst große Gruppe von Elefantenkühen. Dabei werden die schwächeren Bullen - über zwei Drittel der Gesamtzahl - völlig von den Kühen abgehalten.

Obgleich am Land See-Elefanten recht plump wirken, sind sie erstaunlich gute Schwimmer. Ihre dicke Fettschicht hält sie draußen im Meer warm. Da sie Säugetiere sind, müssen sie hier und da zum Atmen an die Wasseroberfläche auftauchen, aber sie verbringen den überwiegenden Teil ihres Lebens (bis zu 90 Prozent der Gesamtzeit) unter Wasser. Auf der Jagd nach Fischen und Tintenfischen tauchen sie bis zu 1.500 Meter in die Tiefe. Ihre Augen sind besonders angepaßt, um Nahrung auch in den lichtarmen Tiefen zu finden.

Die Sonne kehrt zurück

Ankunft im Frühjahr

← Während des antarktischen Sommers beginnen selbst große Eisberge zu schmelzen. Aber nie verschwinden sie in kurzer Zeit. Es kann bis zu 10 Jahre dauern, bis durch die Einflüsse von Sonne und Wellen ein großer Eisberg auseinanderbricht.

Für die Antarktis ist der 21. September ein wichtiges Datum. An diesem Tag geht am Südpol erstmals nach sechs Monaten die Sonne wieder auf, beendet die lange und kalte Zeit winterlicher Dunkelheit.

Von jetzt an wird sich die Antarktis nach und nach ein wenig erwärmen. Frühlingsstürme brechen die Ränder des See-Eises ab, einige der einfachen Pflanzen und Tiere, die im Bereich des südlichen Ozeans leben, beginnen sich fortzupflanzen. Plötzlich ist für die größeren Lebewesen weiter oben auf der Nahrungskette mehr und mehr Futter verfügbar.

Im Verlauf des Frühlings kommen die Tiere, die den ganzen Winter über draußen auf See lebten und dort ihr Futter suchten, zurück an Land, um sich fortzupflanzen. Andere Geschöpfe - beispielsweise Buckelwale - kehren aus viel größeren Entfernungen zurück. Sie werden durch die reichen Krillschwärme und andere Seetiere angelockt. Der erstaunlichste von den sommerlichen Besuchern ist ein Vogel, die arktische Küstenseeschwalbe. Sie wandert über erstaunliche 12.000 Kilometer von der Arktis in die Antarktis, sucht jetzt hier ihre Nahrung. Im Herbst wird sie zur Fortpflanzung wieder in die Arktis zurückkehren. Durch ihren Flug zweimal jährlich über eine volle Erdlänge von Pol zu Pol verbringt die Küstenseeschwalbe über drei Viertel ihres Lebens in nahezu ständigem Tageslicht.

↓ Einige Guanokormorane bleiben das ganze Jahr über auf ihren Nistplätzen in der Antarktis. Andere wandern in jedem Frühjahr, wenn das See-Eis schmilzt, zur antarktischen Halbinsel nach Süden.

→ In jedem Frühjahr kehren einige antarktische Skuaraubmöwen aus dem hohen Norden, einschließlich Kalifornien und England, wieder in den Süden zurück.

Pelzrobben

Bis zum Ende des Oktobers ist der antarktische Frühling schon recht weit fortgeschritten. Unter antarktischen Pelzrobben versteht man nur Robbenarten, die sich auf den subantarktischen Inseln vermehren, die meisten der Robben pflanzen sich auf einer Insel - South Georgia - fort. Jeder Seebärenbulle versucht, am Zuchtstrand für sich einen eigenen Raum in Anspruch zu nehmen, paart sich mit allen Kühen auf diesem Territorium.

Pelzrobben, auch Seebären genannt, tragen ihren Namen aufgrund ihres dicken, warmen Fells. Dies zeigt eine äußere Schicht von steifen, wasserwiderstandsfähigen Haaren, welche die innere Schicht feiner isolierender Haare schützen. Die innere Haarschicht enthält etwa 40.000 Haare je Quadratzentimeter.

Im 19. Jahrhundert wurden zur Pelzherstellung für den Menschen so viele Robben getötet, daß diese Tiere nahezu ausstarben. In den 1930er Jahren waren nur noch so wenige übriggeblieben, daß es nahezu unmöglich war, sie noch zu fangen. Glücklicherweise ist die Robbenpopulation in jüngerer Zeit wieder gewachsen. Heute trifft man in der Antarktis mehr als eineinhalb Millionen Robben. Ihr Überleben wurde möglicherweise dadurch begünstigt, daß die Menschen auch ein anderes Tier, den Bartenwal, intensiv bejagten. Wie die Pelzrobben sind auch Wale große Jäger auf Krill, die sinkende Population der Wale ließ den Robben mehr Krill übrig. Da weniger und weniger Wale auch immer weniger Krill fressen, bleibt für die Pelzrobben mehr Nahrung über.

↓ Auf den Stränden brechen unter den Pelzrobben sofort Kämpfe aus, wenn ein neu angekommener Seebär versucht, das Territorium und Kühe eines Rivalen zu erobern. Zunächst versuchen die Bullen, sich gegenseitig einzuschüchtern, indem sie sich auf ihre Flossen hoch aufrichten, den Kopf steil in die Luft recken. Wenn keiner der Bullen zurückweicht, stoßen und beißen sich die Robben nach Kräften.

← Fast gleichzeitig mit ihrer Ankunft am Strand gebären Pelzrobben ihr Junges, das sie den ganzen Winter über ausgetragen haben. Etwa eine Woche später kehren sie zur Jagd auf Krill zum Meer zurück, kommen aber regelmäßig an den Strand, um das Kleine zu säugen. Über fast vier Monate leben die Jungen ausschließlich von Muttermilch, dann sind sie soweit, selbst Krill zu fischen.

→ Dieser junge Bärenrobbenbulle sitzt in gebührendem Abstand von den Weibchen zwischen den Felsen am Rande des Meers. Er hat es nicht geschafft, sich am Strand eine eigene Fläche als Territorium zu sichern.

Sturmvögel

← Schneesturmvögel wandeln Teile ihrer Nahrung in ihrem Magen in ein reiches Öl um. Dieses Öl scheint eine konzentrierte Energiequelle zu sein, die bequem über weite Entfernungen - von der Futterstelle zurück in ihre Nester - getragen werden kann.

Mit der Ankunft des Frühlings beginnen auch in der ganzen Antarktis die Sturmvögel zu nisten. Sie sind eng mit den Albatrossen verwandt. Es gibt verschiedene Sturmvogelarten, sie alle haben sich dem Leben in einem bestimmten Teil des Kontinents angepaßt.

Nester bauende Sturmvögel - beispielsweise der Weißkinnsturmvogel und der Blausturmvogel - bauen auf den subantarktischen Inseln ihre Nester. Sie legen ihre Wohnungen in Höhlen zwischen Tussockgras an, wo ihre Küken vor Feinden sicher sind. Die südlichen Riesensturmvögel bauen dagegen ihre Nester aus losen Steinen auf den felsigen Flächen der vegetationsarmen südlichen Inseln dicht vor der antarktischen Halbinsel.

Noch weiter nach Süden ziehen die Schneesturmvögel. Manchmal nisten sie auf hohen, ganz isoliert gelegenen Gebirgsspitzen, die aus der das Festland bedeckenden Eisschicht herausragen. Für einige dieser Vögel bedeutet jede Fangreise zum Ozean einen erstaunlichen Rundflug von mehr als 360 Kilometern.

← Weißkinnsturmvögel legen in ihrer Höhle ihre Eier auf eine Plattform von Erde und Gras. Auf diese Art bleiben die Eier trocken, selbst wenn die Höhle bei der Schneeschmelze überflutet wird.

→ Südliche Riesensturmvögel sind Aasfresser, die aber auch Pinguinküken jagen. Sie nisten eng neben Pinguinkolonien auf felsigen Inseln wie beispielsweise den South Shetlands.

Goldschopfpinguine

Goldschopfpinguine bilden einige der größten Kolonien der Frühlingsbrüter in der Antarktis. Alleine auf *South Georgia* findet man fünf Millionen Paare. Sie sind ziemlich kleine Vögel. Jeder trägt beidseits seines Kopfes ein Büschel leuchtend gelber Federn. Wie die Königspinguine brüten die Goldschopfpinguine auf den subantarktischen Inseln - aber während die Königspinguine ihre Kolonien an flachen Stränden bilden, sind die Goldschopfpinguine großartige Kletterer, nisten an steilen, felsigen Abhängen.

Als Erste kommen in der Kolonie die männlichen Pinguine an und suchen ihre Nistplätze. Goldschopfpinguine sind lärmende, aggressive Vögel, jeder verteidigt seinen eigenen Fleck Boden durch Hacken und schrilles Schreien. Wenn ein Neuankömmling seinen Weg durch die Kolonie sucht, wird er höchst wahrscheinlich von seinen Nachbarpinguinen angegriffen, manchmal brechen echte Kämpfe aus.

Die Goldschopfpinguine haben ein merkwürdiges Brutverhalten. Sie legen zwei Eier - ein kleines und ein großes. Jedoch das erste, das kleinere Ei, wird während der Streitigkeiten häufig zerstört. Auch wenn es unbeschädigt bleibt, ist kaum je daraus ein Küken geschlüpft. Die Wissenschaftler sind der Auffassung, daß früher möglicherweise die Goldschopfpinguine zwei Küken ausbrüteten, heutzutage aber der Trend besteht, jährlich nur ein Küken zu haben.

→ Über hunderte von Jahren haben Goldschopfpinguine in diese Felsen, die zu ihrer Brutkolonie führen, Furchen gegraben.

↓ Ein Goldschopfpinguin, der auf dem Weg zu seinem eigenen Nest ist, wird häufig von den anderen Vögeln angegriffen. Manchmal blockieren sich die Schnäbel zweier Vögel im Kampf. Beide enden damit, daß sie durch die ganze Kolonie kullern und unten im Meer landen!

Eselspinguine und Zügelpinguine

← Wie die anderen Pinguine leben auch Eselspinguine vorwiegend vom Krill. Sie fressen aber auch kleine Fische, die sie in flachem Wasser nahe der Küste fangen.

Im Vergleich mit den lärmenden, streitenden Goldschopfpinguinen sind Eselspinguine viel ruhigere, leisere Vögel. Einige Eselspinguine nisten auf South Georgia Tür an Tür mit den Goldschopfpinguinen, sie brüten aber auch auf weiter im Süden liegenden Inseln. Es gibt sogar Brutkolonien auf der antarktischen Halbinsel. Um diese südlich gelegenen Kolonien zu erreichen, müssen die Vögel warten, bis das See-Eis geschmolzen ist; im tiefen Süden führt dies dazu, daß die Eselspinguine nicht vor November wirklich zum Eierlegen kommen.

Zügelpinguine brüten gleichfalls im Süden, auf der antarktischen Halbinsel und den Felseninseln davor. Eine große Kolonie lebt auf *Deception Island,* nahe einem Vulkan, der zuletzt 1971 ausbrach. Der Vulkan führt noch immer heiße Quellen, die den Schnee früh zum Schmelzen bringen. Dadurch entsteht eine günstige Stelle für die Zügelpinguine, um ihre Nester zu bauen.

Du kannst die Zügelpinguine leicht von den Eselspinguinen unterscheiden, denn die Zügelpinguine sind etwas kleiner, haben ein deutliches schwarzes Band (den Kinnstreifen) rund um ihren Hals. Auch die Zügelpinguine sind gute Kletterer. Auf *Deception Island* nisten sie ganz eng am Rand des Vulkans. Das bedeutet eine 90-minütige Klettertour vom Ufer bis zum Nest.

↓ Zügelpinguine legen jährlich zwei Eier. Im Gegensatz zu Goldschopfpinguin-Eiern besteht eine gute Chance, daß beide Zügelpinguinküken schlüpfen. Auch Eselspinguine legen zwei normale Eier.

Pflanzen und Insekten

Mit Ausnahme des äußersten Randes des Kontinents bietet die Antarktis für Pflanzen und Insekten eine rauhe Umwelt. Neben der intensiven Kälte müssen Arten, die weit im Süden leben, auch ohne Frischwasser auskommen - den Winter über ist jede Feuchtigkeit im Eis eingeschlossen. Trotzdem existieren selbst auf dem antarktischen Festland einige Pflanzen und Insekten. Über den Großteil des Jahres liegen sie schlafend, ohne zu wachsen, bewegen sich nicht. Aber in einem kurzen Sommer erwachen sie wieder zum Leben.

Die verbreitetsten Pflanzen sind einfache Flechten. Diese können ohne Erde leben, siedeln sich auf exponierten Felsflächen an, die von der Sonne erreicht werden. Sie wachsen aber außerordentlich langsam. Bei den meisten Flechten dauert es 100 Jahre, um sich nur über gerade 15 Millimeter auszudehnen.

Auch für Insekten und andere winzige Kreaturen ist das Leben sehr hart, beispielsweise für Springschwänze (Erdflöhe) und Milben. Sie leben innerhalb der Moose und Flechten, sogar in den Spalten des nackten Felsens. Wenn sie erfrieren, müssen diese Geschöpfe sterben, aber die zähesten können selbst bei Temperaturen unter minus 50° C auskommen, weil ihre Körperflüssigkeit chemische Stoffe enthält, die wie ein Antifrostmittel wirkt. Einige Flöhe können in der Antarktis dadurch überleben, daß sie auf den die Insel besuchenden Vögeln leben.

↓ Antarktisches Haargras ist eine der zwei blühenden Pflanzen, die auf dem Festland wachsen. Das Gras verankert seine Wurzeln in winzigen Bodenmengen, entstanden aus Moos und Flechten.

→ Im Sommer sind Schneeflächen durch Algen, die einfachsten aller Pflanzen, rot und grün gefärbt. Diese Algen erwachen zum Leben, wenn etwas Schnee schmilzt, dadurch Frischwasser frei gesetzt wird.

↓ Über die Jahre können die Flechten gerade genug sandigen Boden entwickeln, wie Moose für ihr Wachstum brauchen. Wissenschaftler haben auf den antarktischen und nahegelegenen Inseln über 85 verschiedene Moosarten entdeckt.

← Weil sie so tief im Süden geboren werden, müssen Adélieküken schnell wachsen und zum Ozean kommen, ehe die See erneut zufriert. Dieses Küken besitzt bereits nahezu alle Federn der Erwachsenen, ist aber wahrscheinlich erst 50 Tage alt.

↓ Ausgewachsene Adéliepinguine leben von Krill, den sie ihren Küken ausbrechen. Durchschnittlich füttern die Adéliepinguineltern ihre Küken einmal täglich.

Adéliepinguine

Adéliepinguine ähneln den Zügelpinguinen und den Eselspinguinen, sie nisten aber noch weiter im Süden. Hier gibt es auf dem Festland einige große Kolonien, eine von ihnen ist nur 1.300 Kilometer vom Südpol entfernt. Alle Brutstellen der Adéliepinguine liegen an der Küste, meist kommen die Pinguine schon an Land, ehe das See-Eis völlig aufgebrochen ist, müssen dann die letzten 20 bis 40 Kilometer zu Fuß gehen, um ihre Kolonie zu erreichen.

Obgleich sie kleiner als die meisten anderen Pinguine sind, handelt es sich bei den Adéliepinguinen um sehr widerstandsfähige Vögel. Wie viele antarktische Tiere besitzen sie eine dicke Fettschicht, die sie gegen Kälte schützt, auch einen wichtigen Energiespeicher bildet für lange Perioden, wo sie kein Futter finden. Bei Adéliepinguinen kommen noch ihre ungewöhnlich kurzen Schnäbel hinzu, die über die Hälfte ihrer Länge mit Federn bedeckt sind, um sie warm zu halten. Die Vögel halten auch ihre Nasenlöcher eng geschlossen, um damit jeden Verlust an Körperwärme niedrig zu halten.

Wie die Zügelpinguine und die Eselspinguine legen auch Adéliepinguine zwei Eier, die bis zum Schlüpfen sieben Wochen brauchen. Anfänglich müssen die Küken nahe bei einem ihrer Elterntiere bleiben, sind sie aber erst einmal zwei Wochen alt, können sie auf eigene Faust umherwandern.

↓ Für einen jungen Adéliepinguin ist der erste Sprung ins Meer ein furchterregender Augenblick. Ein erwachsener Pinguin springt voran, um den Weg zu zeigen. Anfänglich paddeln junge Adéliepinguine einfach an der Oberfläche. Aber schnell lernen sie zu tauchen und ihren Weg durchs Wasser zu finden.

Vorbereitungen auf den Winter

Anfang März treten die ersten Vorboten des Winters auf - die Tage werden kürzer, das See-Eis beginnt sich erneut auszudehnen. Wale, Robben und Vögel - sie alle beginnen Richtung Norden in wärmere Gewässer aufzubrechen. Die meisten Pinguinküken im tiefen Süden sind bereits schon in das offene Meer geschwommen. Aber die alten Vögel müssen noch etwas länger in den Kolonien bleiben. Ehe der Winter wirklich hereinbricht, müssen sie ihr Gefieder wechseln, sind in der Mauser; sie werfen die alten Federn ab, neue wachsen, um sie über das ganze folgende Jahr warm zu halten.

Das Heranwachsen eines neuen Federkleids erfordert sehr viel Energie, deshalb steht am Anfang eine intensive Futteraufnahme der Pinguine, um Kraft und Substanz zu sammeln. Dann kehren sie in ihre Kolonie zurück, stehen bis zu drei Wochen stocksteif und ruhig, während neue Federn nach und nach die alten ersetzen.

→ Im Vergleich zur Brutsaison ist die Zügelpinguinkolonie während der Mauser ein viel ruhigerer und stillerer Ort. Der ganze Boden ist jetzt mit einem Teppich von alten weißen Federn bedeckt, welche die Vögel abgeworfen haben.

→ Ein Königspinguin, dessen Mauser halb abgeschlossen ist. Man kann die neuen Federn auf den grossen Flecken am Vogelkörper sehen, wo die alten Federn bereits ausgefallen sind. Bei den rauhen Witterungsverhältnissen der Antarktis ist es für die Pinguine entscheidend wichtig, jedes Jahr ein völlig neues Federkleid von warmen, schützenden Federn zu haben.

Der große Frost

Winter auf dem Eis

Wenn der Winter einmal hereingebrochen ist, bietet das antarktische Festland wahrlich ein einsames, verlassenes Umfeld. Allein eine Handvoll Wissenschaftler, eine Pinguinart, eine Robbenart und wenige winzige, schlafende Insekten verbringen hier den Winter.

Einige Weddellrobben verbringen ihr gesamtes Leben am Rande des Festlands im ständigen Eis. Jedes Tier ist mit einem Satz mächtiger Zähne ausgestattet, die es nutzt, um immer wieder Eis wegzuschaben und das ganze Jahr über das Atemloch offen zu halten. Diese Öffnung im Eis ist für das Überleben der Robben entscheidend. Ohne Luftloch wären sie auf dem Eis ohne Futter gefangen, unter dem Eis ohne Atemmöglichkeit.

Weddellrobben sind große Geschöpfe, erreichen 3 Meter Körperlänge, wiegen 400 bis 500 Kilo. Den größten Teil ihres Lebens verbringen sie im Wasser, das wärmer ist als die Temperaturen über dem Eis; sie können über eine Stunde unter dem Eis jagen, ohne zum Luftholen aufzutauchen. Die Robbenbullen verteidigen energisch ihre Atemlöcher. Jeder Bulle paart sich im Zuchtterritorium rund um sein Loch mit mehreren Weibchen unter Wasser.

↓ Weddellrobben werden selten älter als 20 Jahre. Das fortwährende Eisaufbrechen nutzt ihre kräftigen Zähne stark ab. Schließlich können sie das Atemloch, das für ihr Überleben unerläßlich ist, nicht länger offenhalten.

↑ Die Weddelrobbenweibchen gebären Anfang des Frühlings ihre Jungen, säugen sie mit einer Milch, die etwa 60 Prozent Fett enthält, reicher ist als die irgendeines anderen Tieres. Die Jungen unternehmen bereits ihren ersten Schwimmausflug im wärmeren Wasser unter dem Eis, wenn sie gerade etwas älter als eine Woche sind.

← Wenn der Winter fortschreitet, dehnt sich das See-Eis immer mehr aus. Starke Winde treiben plötzlich loses Packeis zusammen. Schiffe, die in solchem Schichteis eingeschlossen werden, könnten zerquetscht werden und sinken.

Kaiser der Antarktis

← Kaiserpinguine sind stattliche, kräftige Tiere. Obgleich sie nicht so groß wie ein ausgewachsener Mensch werden, sind sie in der Brust oft ebenso breit.

↓ Im Herbst, wenn sich alle anderen Tiere nach Norden auf den Weg machen, erscheinen die Kaiserpinguine am Rande des See-Eises. Sie springen aus dem Wasser, machen sich zu ihren traditionellen Brutplätzen auf den Weg, watscheln oder schlittern auf ihren Bäuchen quer über das Eis.

Kaiserpinguine sind wahrscheinlich die zähesten von allen antarktischen Tieren. Sie unterliegen einem erstaunlichen Lebensrhythmus. Völlig anders als alle anderen Vögel oder Säugetiere verbringen sie den Winter auf dem See-Eis, welches das Festland umrundet. Sie überleben Monate nahezu völliger Dunkelheit, Temperaturen die bis auf minus 60°C absinken, und die wildesten Stürme und Orkane auf dem Planeten.

Kaiserpinguine sehen den Königspinguinen recht ähnlich; sie erreichen etwa einen Meter Höhe, zeigen die gleichen weißen Bauchseiten, schwarze Schwingen und orange-gelbe Halsfedern. Jedoch haben sich die Kaiserpinguine den extrem harten Verhältnissen des tiefen Südens noch besser angepaßt.

Die Kaiserpinguine sind viel fetter als Königspinguine, wiegen 30 bis 40 Kilogramm. Sie besitzen eine dicke Fettschicht, die sie gegen die Kälte schützt, Energievorräte speichert. Ihre Federn sind dicht aufeinander gepackt, eine paßt über die andere, dadurch entsteht ein Federkleid, das vier Federn dick ist. Diese Vögel haben auch besonders kleine Füße und Schnäbel, um die Mengen an Körperwärme, die sie verlieren, zu vermindern. Die Adern in ihren Füßen und Flossen liegen eng aneinander, um ihr Blut warm zu halten.

← *Ohne den Schutz der elterlichen Hautfalte, die wärmt, würden Pinguineier und Pinguinküken schnell zu Tode frieren.*

↓ *Sind die Küken des Kaiserpinguins erst einmal acht Wochen alt, müssen sie den Schutz der Bauchfalte der Eltern verlassen, sind dem schlimmsten Winterwetter der Antarktis ausgesetzt.*

Junge Kaiserpinguine

Kaiserpinguine brüten im Winter, so daß die jungen Vögel bis zum Frühjahr so weit sind, ins Meer zu gehen, wenn dort die meiste Nahrung angeboten wird. Die Weibchen legen Anfang Mai ein Ei, übergeben es direkt ihrem Partner, der es in einer Hautfalte direkt oberhalb seiner Füße bebrütet. Das Weibchen kehrt dann zum Meer zurück, ist über die nächsten 65 Tage ständig auf Futtersuche. Über diese zwei Monate bleiben die Männchen auf sich selbst gestellt, müssen im schlimmsten Winterwetter die Eier warm halten.

Gerade zum Zeitpunkt des Schlüpfens der Küken aus den Eiern in den Hauttaschen der Männchen kehren die Weibchen zur Kolonie zurück. In der Dunkelheit bietet sich für die Vögel nur eine Chance, sich gegenseitig zu erkennen, dies ist der Klang ihrer Stimme. Die Weibchen rufen so laut sie können nach ihren Partnern. Wenn sie sich gegenseitig gefunden haben, übernimmt sofort das Weibchen Ei oder Küken, die Männchen machen sich jetzt quer über das Eis hinaus aufs Meer, um jetzt selbst zu fressen. Nach zwei Monaten ohne Nahrung sehen die Männchen ziemlich zerzaust und abgemagert aus, brauchen dringendst Nahrung. Von jetzt an füttern Männchen und Weibchen abwechselnd ihr Küken. Im Alter von acht Wochen wird das Küken für die Bauchfalte der Eltern zu groß. Im Dezember kehren beide Elterntiere endgültig auf das Meer zurück, die jungen Vögel sind so weit, daß sie sich selbst versorgen können.

↓ Um sich warm zu halten, bilden männliche Kaiserpinguine auf dem Packeis eine große Gruppe, drücken sich eng aneinander. Diese Gruppe ist ständig in einer Rundumbewegung. Jeder Vogel ist einmal an der Reihe, an der Außenseite der Gruppe die kälteste Position einzunehmen.

Spuren im Schnee

Über Millionen von Jahren hatte kein Mensch ein Auge auf die Antarktis geworfen. Der erste, der den Antarktischen Kreis (*Antarctic Circle*) nach Süden übersegelte, war 1773 James Cook. Es dauerte aber weitere 50 Jahre, ehe irgend jemand das Festland selbst sah. Niemand hat vor dem Jahre 1895 seinen Fuß auf den Kontinent gesetzt.

Heute arbeiten im Sommer etwa 3.500 Wissenschaftler in der Antarktis. Du kannst den Kontinent sogar als Tourist besuchen, benutzt dabei ein Flugzeug oder ein eisbrechendes Schiff. Aber See-Eis und schlechtes Wetter schneiden auch heute noch den Winter über die Antarktis von der übrigen Welt ab. Dennoch ist die Region heute für menschliche Aktivitäten weiter geöffnet als je zuvor.

Einige Naturschützer möchten diesen Kontinent jetzt zum Naturschutzpark der Welt - *World Wilderness Park* - erklären, um ihn auf immer vor menschlicher Willkür zu schützen. Was immer geschehen mag, wir alle können nur hoffen, daß alle menschlichen Besucher die Antarktis und ihr Wildleben mit Fürsorge und Respekt behandeln. Nur auf diese Art werden auch künftige Generationen in der Lage sein, die Wunder eines Lebens im ewigen Eis zu erleben.

→ Der Autor am Südpol. Der erste Forscher, der den Südpol erreichte, war ein Norweger namens Roald Amundsen, es geschah im Dezember 1912. Ihm folgte einen Monat später Robert Scott, dessen Forschergruppe aber bei der Rückkehr zu ihrem Lager an Erschöpfung starb. Seit 1957 gibt es am Südpol eine eigene Forschungsstation und ein Observatorium.

→ Die Antarktis gehört heute keinem einzelnen Land, sie wird vielmehr durch einen internationalen Vertrag - Antarctic Treaty *genannt - regiert. Die Wissenschaftler aller Länder dürfen frei hier arbeiten, solange ihre Forschung friedlichen Zwecken dient, das antarktische Wildleben nicht schädigt. Neuere wissenschaftliche Studien über Vögel - beispielsweise über Wanderalbatrosse - haben unser Wissen über die Ökologie der gesamten Antarktisregion wesentlich erweitert.*

GEOGRAPHIC
OUTH
POLE
D AMUN
ERT F. SCOTT
EMBER
Y 17, 1912
we arrive
able to
t the ge
South·P
Yes, but
fferent
from
d."
NZARP

Glossar

Antarctic Circle (Antarkischer Kreis) Eine imaginäre Linie, auf einer Breite von 66° 32' südlich rund um die Erde gezogen. Überall südlich dieser Linie herrscht zumindest zum Mittsommer ein Tag völliger Dunkelheit.

Antarctic Peninsula Ein schmaler Streifen Land, der aus dem antarktischen Festland in Richtung Südamerika herausragt.

Antarctic Polarfront Eine Linie rings um die Antarktis, wo warmes Wasser und Luft aus dem Norden auf die kalten Strömungen der Antarktis stoßen. Die Meerbereiche rund um die Polarfront unterliegen den stürmischsten Witterungsverhältnissen unserer Erde.

Baleen whale - *Bartenwal* Ein Wal mit Bartenplatten im Maul. Der Wal nutzt diese Barten, um den Krill aus dem Seewasser auszusieben.

Blubber Eine bestimmte Fettart. Viele antarktische Tiere besitzen eine Schicht von *Blubber* unter ihrer Haut, die das Tier warm hält.

Glacier - *Gletscher* Eine riesige Eisschicht oder ein sich bewegender Eisfluß, der sich über eine Ebene ausdehnt oder über die Länge eines Tales nach unten bewegt.

Iceberg - *Eisberg* Ein großer Block von Treibeis.

Incubation - *Brutzeit* Nachdem ein Vogel ein Ei gelegt hat, muß es solange warmgehalten werden, bis das Küken schlüpft. Das Ei warm halten nennt man Inkubation.

Latitude - *Breitengrad* Die Latitude eines Ortes bezeichnet seine Entfernung nördlich oder südlich des Äquators, in einer Einheit gemessen, die man als Grad (°) bezeichnet. Der Äquator hat eine Breite von 0°. Der Südpol, die südlichste Stelle der Erde, hat einen Breitengrad von 90° Süd.

Mammal - *Säugetier* Jedes warmblütige Tier, das keine Eier legt und seine Jungen mit Milch aus dem Mutterleib ernährt. Die meisten Säugetiere leben an Land, aber Wale und Robben, die ihr Leben im Meer verbringen, sind auch Säugetiere.

Moult - *Mauser* Wenn bei einem Tier ein neues Fell oder neues Federkleid wächst, verliert es das alte, das für das darunter heranwachsende neue Platz machen muß. Das Verlieren des alten Gefieders nennt man mausern.

Ökologie Alle Verbindungen zwischen lebenden Geschöpfen und den Orten, wo sie leben.

Pack ice - *Packeis* Ein Bereich des Meeres, der mit einem Gemisch von gebrochenen Eisstücken bedeckt ist. Das meiste Packeis trifft man zwischen der offenen See und dem Rand des See-Eises oder Festeises.

Phytoplankton Nur mit dem Mikroskop zu sehende Pflanzen, die im Ozean leben. Sie sind das Futter für winzige Seegeschöpfe - Zooplankton genannt.

Regurgitate - *Ausbrechen* Wenn ein Tier ausbricht, bringt es Nahrung aus seinem Magen zurück. Viele Vögel füttern ihre Küken, indem sie zunächst die Nahrung selbst fressen, sie dann später ihren Küken vorbrechen.

Scavenger - *Aasfresser* Aasfresser - beispielsweise Skuaraubmöwen oder Riesensturmvögel - fressen Tiere, die von anderen Tieren getötet oder zurückgelassen wurden.

Sea bird - *Seevogel* Vögel, die ihre Nahrung aus dem Meer nehmen. Nahezu alle Vögel der Antarktis sind Seevögel, die von Fisch und Krill leben.

Species Art oder Typ einer Pflanze oder eines Tieres. Kaiser, Adélies und Eselspinguine sind alle Arten der Pinguine, um ein Beispiel zu geben.

Zooplankton Winzige Lebewesen, die im Meer leben. Sie sind Futter für größere Tiere, etwa für den Krill, selbst aber auch für Wale und Seevögel.

GEOGRAPHIC
POLE
ERT F. SCOT
Y 17, 1912
NZARP

Index

A
Albatrosse 12, 28-29
Graukopf- 28
Schwarzbrauen (Mollymauks) 29
Wander- 10, 13, 28, 32-33, 34-35
Algen 55
Amundsen, Roald 68
Antarctic Vertrag 68
Antarctic Circle 14, 68, 70
Antarktis 6, 10, 12, 14, 15, 16, 54, 55, 62
Meereshöhe 10
Antarktische Halbinsel 21, 45, 49, 53, 70
Antarktische Polarfront 14, 21, 33, 70
Antarktisches Festland *siehe* Antarctis
Auswürgen, *siehe* Regurgitation

B
Bird Island 6, 33
Blubber - *Fett* 41, 57, 65, 70
Brutkolonien 6, 29, 33, 37, 38-39, 46-47, 50, 53, 57, 58, 67

C
Cook, Captain James 68

D
Deception Island 53

E
Eis
Antarktische Eiskappe 10, 14, 17, 49
Packeis 16, 63, 70
See-Eis 14, 16, 45, 56, 57, 58, 62, 63, 65, 68
Eisberge 20, 21, 45, 70

F
Flechten 54, 55
Flöhe 54

G
Gletscher 17, 37, 70
Guanokormoran 45

H
Haargras 54

I
Iles Crozet 37
Incubation - *Brutzeit* 34, 35, 38, 66, 67, 70
Insekten 54, 62

K
Krill 22-23, 25, 26, 27, 45, 46, 47, 53, 56

M
Maritime Inseln 15
Mausern 58, 70
Menschen in der Antarktis 6, 21, 23, 26, 46, 68-69
Migration 26, 45
Milben 54
Moose 54, 55

N
Nahrungskette 22-23, 26
Nordpol 11

P
Pflanzen 33, 54-55
Phytoplankton 22, 70
Pinguine 12, 22, 25, 49, 58
Adélie 56-57
Esels 52-53, 57
Goldschopf 6, 50-51
Kaiser 10, 64-65, 66-67
Königs 36-37, 38-39, 40, 58, 65
Zügel 53, 57, 58

R
Regurgitation - *Auswürgen* 34, 56, 70
Robben 12, 22, 26, 58
Krabbenesser 13
Pelz 23, 24, 46-47
See-Elefanten 25, 40-41
Seeleoparden 22
Weddell 62-63

S
Säugetiere 12, 41, 70
Scheidenschnäbel 25
Scott, Sir Robert 68
See-Elefanten 25, 40-41
Seeleoparden 22
Seeschwalben 23
Antarktische Gabelschwanzsee-schwalbe 45
Arktische Küstenseeschwalbe 45
Skuaraubmöwe 24, 25, 45
Sonne, Position am Himmel über der Antarktis 10-11, 45
South Georgia 24, 33, 36, 41, 46, 50, 53
South Georgia Pfeilschwanzente 24
South Shetland Islands 49
Springschwänze (Erdfloh) 54
Sturmvögel 12, 25, 49
Blau 49
Kap 25
Riesen 25, 49
Schnee 49
Weißkinn 49
Subantarktische Inseln 14, 33, 36, 40, 46, 49, 50
Südlicher Ozean 10, 12, 13, 14, 16, 20-21, 22, 26, 28, 29
Südpol 10, 57, 68

T
Temperaturen 6, 10
Ursachen für Kälte 10-11, 15, 17

W
Wale 12, 22, 26-27, 58
Barten 26-27, 46, 70
Blau 26
Buckel 26, 27, 45
Killer 26

Z
Zooplankton 22, 70